中国水资源公报

2019

中华人民共和国水利部　编

·北京·

图书在版编目（CIP）数据

中国水资源公报. 2019 / 中华人民共和国水利部编
. -- 北京 : 中国水利水电出版社, 2020.8
ISBN 978-7-5170-8751-9

Ⅰ. ①中… Ⅱ. ①中… Ⅲ. ①水资源—公报—中国—2011 Ⅳ. ①TV211

中国版本图书馆CIP数据核字(2020)第145729号

审图号：GS (2020) 3722 号

书　　名	中国水资源公报 2019 ZHONGGUO SHUIZIYUAN GONGBAO 2019
作　　者	中华人民共和国水利部 编
出版发行	中国水利水电出版社 （北京市海淀区玉渊潭南路 1 号 D 座 100038） 网址：www.waterpub.com.cn E–mail：sales@waterpub.com.cn 电话：（010）68367658（营销中心）
经　　售	北京科水图书销售中心（零售） 电话：（010）88383994、63202643、68545874 全国各地新华书店和相关出版物销售网点
排　　版	中国水利水电出版社装帧出版部
印　　刷	北京博图彩色印刷有限公司
规　　格	210mm × 285mm　16 开本　2.25 印张　50 千字
版　　次	2020 年 8 月第 1 版　2020 年 8 月第 1 次印刷
定　　价	48.00 元

凡购买我社图书，如有缺页、倒页、脱页的，本社营销中心负责调换

编写说明

1.《中国水资源公报2019》（以下简称《公报》）中涉及的全国性数据是现有设施监测统计分析结果，均未包括香港特别行政区、澳门特别行政区和台湾省的相关数据。

2.《公报》中多年平均值统一采用1956—2000年水文系列平均值。

3. 由于单位取舍不同而产生的计算误差，《公报》部分数据合计数未作调整。

4.《公报》中涉及的定义如下：

（1）**地表水资源量：** 指河流、湖泊、冰川等地表水体逐年更新的动态水量，即当地天然河川径流量。

（2）**地下水资源量：** 指地下饱和含水层逐年更新的动态水量，即降水和地表水入渗对地下水的补给量。

（3）**水资源总量：** 指当地降水形成的地表和地下产水总量，即地表产流量与降水入渗补给地下水量之和。

（4）**供水量：** 指各种水源提供的包括输水损失在内的水量之和，分地表水源、地下水源和其他水源。地表水源供水量指地表水工程的取水量，按蓄水工程、引水工程、提水工程、调水工程四种形式统计；地下水源供水量指水井工程的开采量，按浅层淡水、深层承压水和微咸水分别统计；其他水源供水量包括再生水厂、集雨工程、海水淡化设施供水量及矿坑水利用量。直接利用的海水另行统计，不计入供水量中。

（5）**用水量**：指各类河道外用水户取用的包括输水损失在内的毛水量之和，按生活用水、工业用水、农业用水和人工生态环境补水四大类用户统计，不包括海水直接利用量以及水力发电、航运等河道内用水量。生活用水包括城镇生活用水和农村生活用水，其中，城镇生活用水由城镇居民生活用水和公共用水（含第三产业及建筑业等用水）组成；农村生活用水指农村居民生活用水。工业用水指工矿企业在生产过程中用于制造、加工、冷却、空调、净化、洗涤等方面的用水，按新水取用量计，不包括企业内部的重复利用水量。农业用水包括耕地和林地、园地、牧草地灌溉，鱼塘补水及牲畜用水。人工生态环境补水仅包括人为措施供给的城镇环境用水和部分河湖、湿地补水，不包括降水、径流自然满足的水量。

（6）**耗水量**：指在输水、用水过程中，通过蒸腾蒸发、土壤吸收、产品吸附、居民和牲畜饮用等多种途径消耗掉，而不能回归到地表水体和地下含水层的水量。

（7）**耗水率**：指耗水量占用水量的百分比。

5.《公报》由中华人民共和国水利部组织编制，参加编制的单位包括各流域管理机构，各省、自治区、直辖市水利（水务）厅（局），中国水利水电科学研究院，水利部水利水电规划设计总院，中国灌溉排水发展中心，南京水利科学研究院，以及水利部信息中心（水文水资源监测预报中心）。

目录

contents

一、概述

2019年，全国降水量和水资源总量比多年平均值偏多，大中型水库和湖泊蓄水总体稳定。全国用水总量比2018年略有增加，用水效率进一步提升，用水结构不断优化。

2019年，全国平均年降水量651.3mm，比多年平均值偏多1.4%，比2018年减少4.6%。

全国水资源总量29041.0亿m^3，比多年平均值偏多4.8%。其中，地表水资源量27993.3亿m^3，地下水资源量8191.5亿m^3，地下水与地表水资源不重复量1047.7亿m^3。

全国677座大型水库和3628座中型水库年末蓄水总量比年初减少91.7亿m^3。76个湖泊年末蓄水总量比年初减少28.9亿m^3。

全国供水总量和用水总量均为6021.2亿m^3，较2018年增加5.7亿m^3。其中，地表水源供水量4982.5亿m^3，地下水源供水量934.2亿m^3，其他水源供水量104.5亿m^3；生活用水871.7亿m^3，工业用水1217.6亿m^3，农业用水3682.3亿m^3，人工生态环境补水249.6亿m^3。全国耗水总量3201.0亿m^3。

全国人均综合用水量431m^3，万元国内生产总值（当年价）用水量60.8m^3。耕地实际灌溉亩均用水量368m^3，农田灌溉水有效利用系数0.559，万元工业增加值（当年价）用水量38.4m^3，城镇人均生活用水量（含公共用水）225L/d，农村居民人均生活用水量89L/d。按可比价计算，万元国内生产总值用水量和万元工业增加值用水量分别比2018年下降5.7%和8.7%。

二、水资源量

（一）降水量

2019年，全国平均年降水量[1] 651.3mm，比多年平均值偏多1.4%，比2018年减少4.6%。2019年全国年降水量等值线见图1；2019年全国年降水量距平[2] 见图2。1956—2019年全国年降水量变化见图3。

从水资源分区看，10个水资源一级区中有6个水资源一级区降水量比多年平均值偏多，其中松花江区、西北诸河区分别偏多19.7%和13.8%；4个水资源一级区降水量偏少，其中淮河区、海河区分别比多年平均值偏少27.3%、16.0%。与2018年比较，4个水资源一级区降水量增加，其中东南诸河区增加14.8%；6个水资源一级区降水量减少，其中淮河区、海河区分别减少34.1%、16.9%。2019年各水资源一级区降水量与2018年和多年平均值比较见表1。

从行政分区看，17个省（自治区、直辖市）降水量比多年平均值偏多，其中黑龙江、青海、上海、浙江、甘肃5个省（直辖市）分别偏多20%以上；14个省（自治区、直辖市）比多年平均值偏少，其中河南、湖北、天津、云南、安徽5个省（直辖市）分别偏少20%以上。2019年各省级行政区降水量与2018年和多年平均值比较见表2。

❶ 2019年全国平均年降水量依据约1.8万个雨量站观测资料分析计算。

❷ 年降水量距平指当年降水量与多年平均值之差（%）。

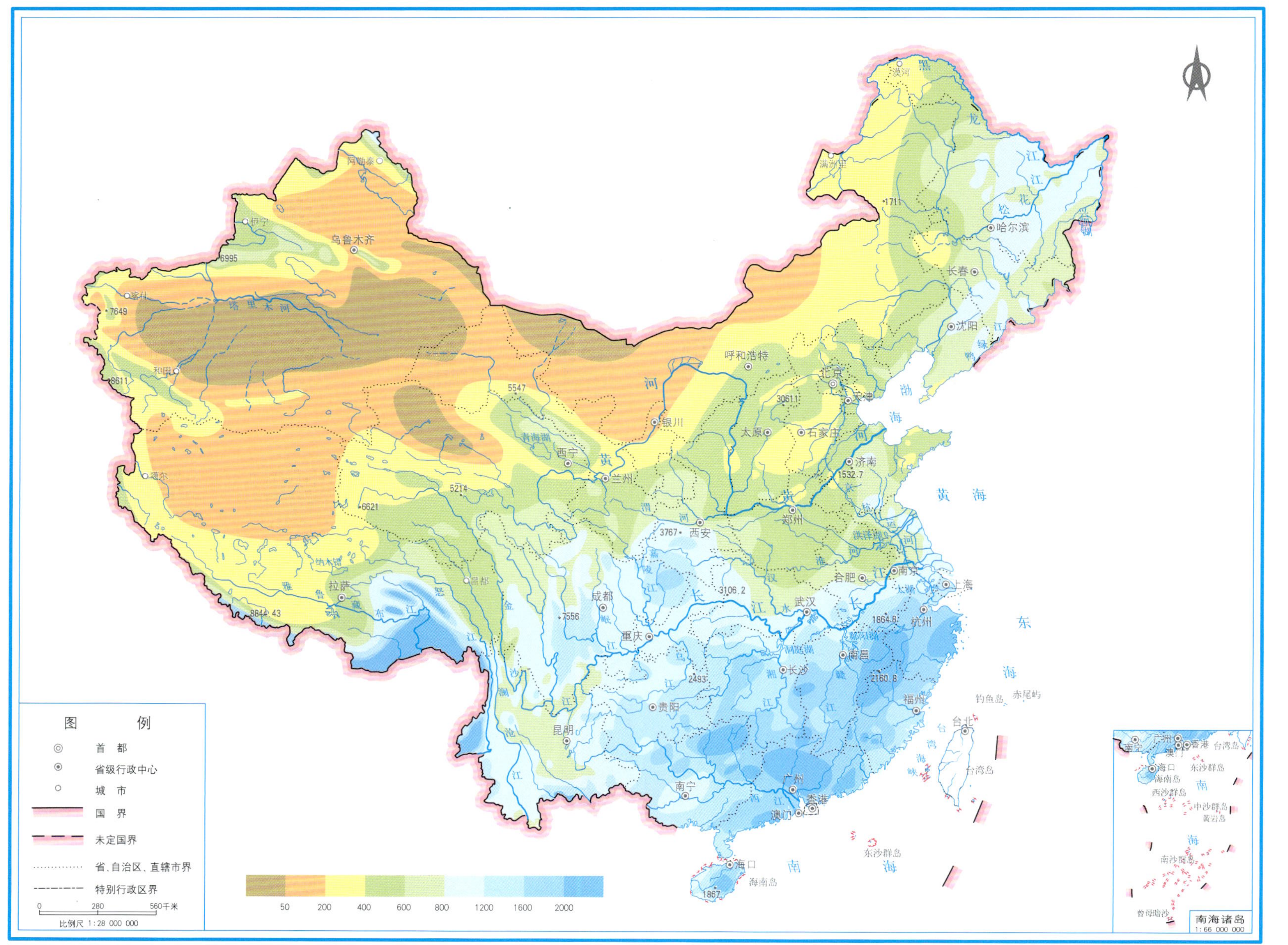

注：本图未包括香港特别行政区、澳门特别行政区和台湾省数据。

图1 2019年全国年降水量等值线图（单位：mm）

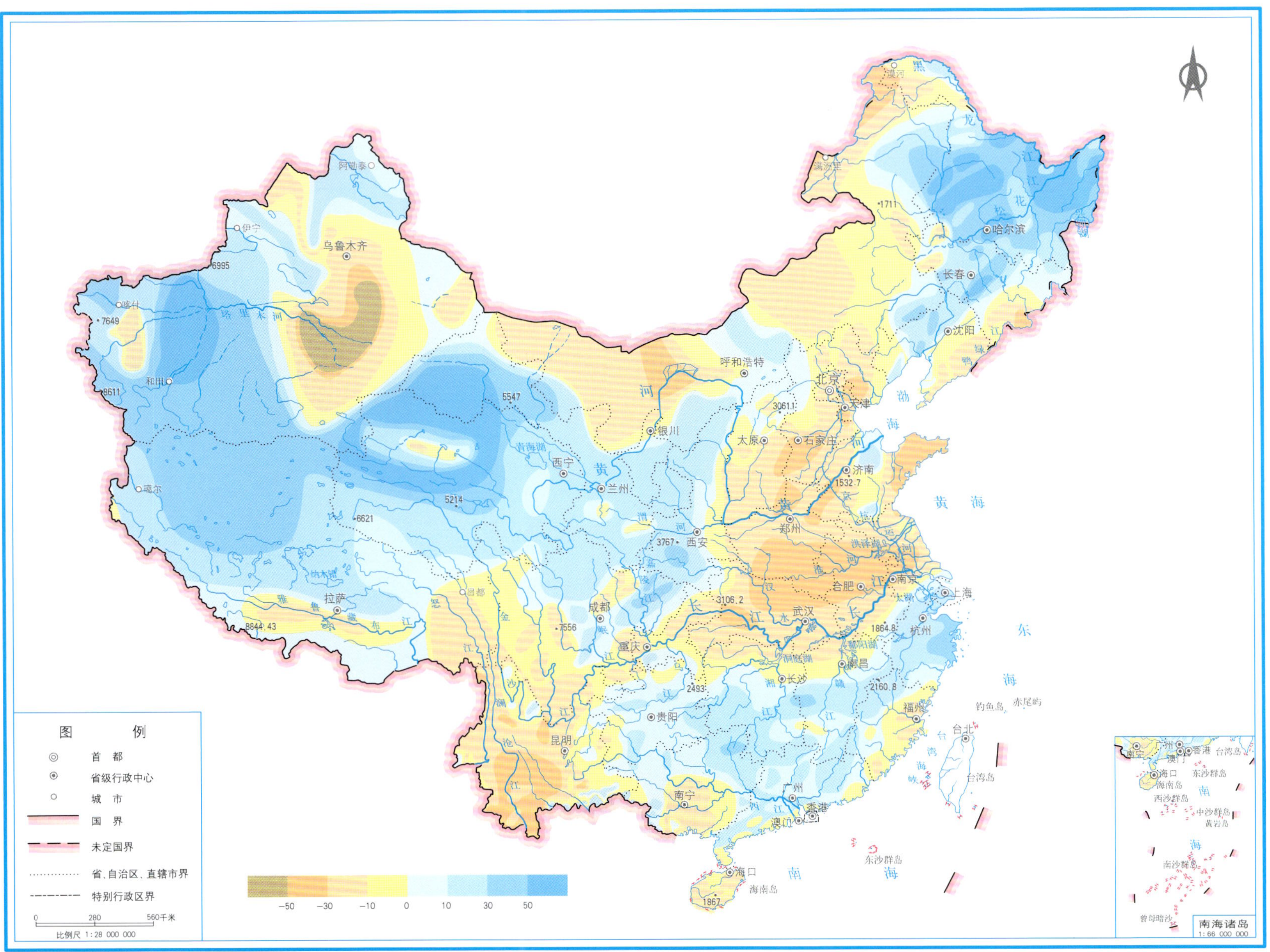

注：本图未包括香港特别行政区、澳门特别行政区和台湾省数据。

图 2　2019 年全国年降水量距平图（%）

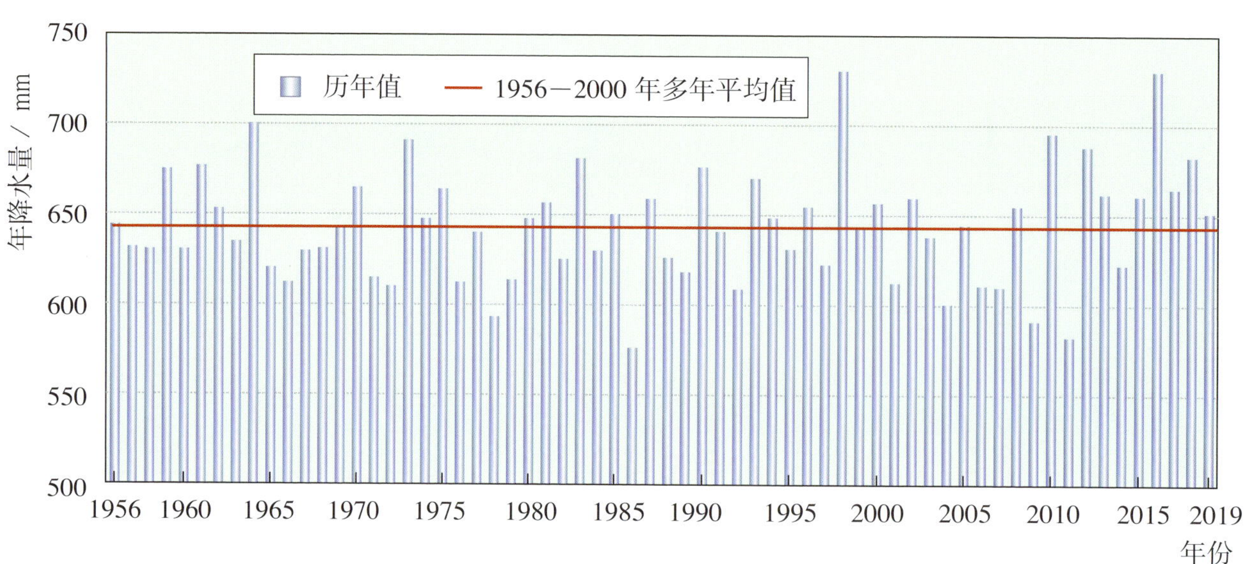

图 3 1956—2019 年全国年降水量变化图

表 1 2019 年各水资源一级区降水量与 2018 年和多年平均值比较

水资源一级区	降水量 / mm	与 2018 年比较 / %	与多年平均值比较 / %
全　　国	651.3	-4.6	1.4
北方 6 区	346.0	-8.7	5.5
南方 4 区	1192.3	-2.3	-0.6
松花江区	603.4	5.9	19.7
辽 河 区	557.9	9.1	2.4
海 河 区	449.2	-16.9	-16.0
黄 河 区	496.9	-9.9	11.4
淮 河 区	610.0	-34.1	-27.3
长 江 区	1059.8	-2.4	-2.5
其中：太湖流域	1261.8	-8.7	6.4
东南诸河区	1844.9	14.8	11.0
珠 江 区	1627.5	1.7	5.1
西南诸河区	1013.6	-11.6	-6.7
西北诸河区	183.2	-10.2	13.8

注 1. 北方 6 区指松花江区、辽河区、海河区、黄河区、淮河区、西北诸河区。
2. 南方 4 区指长江区（含太湖流域）、东南诸河区、珠江区、西南诸河区。
3. 西北诸河区计算面积占北方 6 区的 55.5%，长江区计算面积占南方 4 区的 52.2%。

表 2　2019 年各省级行政区降水量与 2018 年和多年平均值比较

省级行政区	降水量 / mm	与 2018 年比较 / %	与多年平均值比较 / %
全　国	651.3	– 4.6	1.4
北　京	506.0	– 14.3	– 13.4
天　津	436.2	– 25.0	– 24.1
河　北	442.7	– 12.8	– 16.7
山　西	458.1	– 12.4	– 10.0
内蒙古	279.5	– 14.8	– 0.9
辽　宁	687.2	17.3	1.3
吉　林	679.3	0.9	11.5
黑龙江	728.3	15.0	36.6
上　海	1389.2	9.7	27.5
江　苏	798.5	– 26.6	– 19.7
浙　江	1950.3	18.9	21.6
安　徽	935.8	– 28.8	– 20.2
福　建	1730.7	10.5	3.2
江　西	1710.0	14.9	4.4
山　东	558.9	– 29.2	– 17.8
河　南	529.1	– 29.9	– 31.4
湖　北	893.5	– 16.7	– 24.3
湖　南	1498.5	9.9	3.3
广　东	1993.6	8.2	12.6
广　西	1602.7	2.7	4.3
海　南	1594.4	– 23.9	– 8.8
重　庆	1106.8	– 2.5	– 6.5
四　川	953.2	– 9.2	– 2.6
贵　州	1246.1	7.1	5.7
云　南	1008.0	– 24.6	– 21.2
西　藏	596.3	– 3.5	4.3
陕　西	759.4	8.0	15.7
甘　肃	362.1	– 2.6	20.2
青　海	374.0	– 7.4	28.8
宁　夏	345.7	– 11.2	19.8
新　疆	174.7	– 6.1	12.9

（二）地表水资源量

2019 年，全国地表水资源量 27993.3 亿 m^3，折合年径流深 295.7mm，比多年平均值偏多 4.8%，比 2018 年增加 6.4%。

从水资源分区看，松花江区、东南诸河区、西北诸河区、黄河区、珠江区、长江区地表水资源量比多年平均值偏多，其中松花江区、东南诸河区分别偏多 49.9% 和 24.6%；海河区、淮河区、辽河区、西南诸河区地表水资源量比多年平均值偏少，其中海河区、淮河区、辽河区分别偏少 51.6%、51.5% 和 25.1%。与 2018 年比较，东南诸河区、松花江区、长江区、珠江区地表水资源量增加，其中东南诸河区、松花江区分别增加 64.4% 和 34.2%；淮河区、海河区、西南诸河区、黄河区、西北诸河区、辽河区地表水资源量减少，其中淮河区、海河区分别减少 57.4% 和 39.9%。2019 年各水资源一级区地表水资源量与 2018 年和多年平均值比较见表 3。

表 3　2019 年各水资源一级区地表水资源量与 2018 年和多年平均值比较

水资源一级区	地表水资源量 / 亿 m^3	与 2018 年比较 / %	与多年平均值比较 / %
全　　国	27993.3	6.4	4.8
北方 6 区	4713.0	–2.4	7.7
南方 4 区	23280.3	8.4	4.3
松花江区	1935.1	34.2	49.9
辽 河 区	305.7	–0.7	–25.1
海 河 区	104.5	–39.9	–51.6
黄 河 区	690.2	–8.6	12.9
淮 河 区	328.1	–57.4	–51.5
长 江 区	10427.6	12.9	5.8
其中：太湖流域	204.2	0.1	27.5
东南诸河区	2475.0	64.4	24.6
珠 江 区	5065.8	6.4	7.6
西南诸河区	5312.0	–11.0	–8.0
西北诸河区	1349.4	–2.3	15.1

从行政分区看，17 个省（自治区、直辖市）地表水资源量比多年平均值偏多，其中黑龙江、上海、青海 3 个省（直辖市）分别偏多 40% 以上；14 个省（自治区、直辖市）偏少，其中河南、河北、天津、北京、湖北 5 个省（直辖市）分别偏少 40% 以上。2019 年各省级行政区地表水资源量与多年平均值比较见图 4。

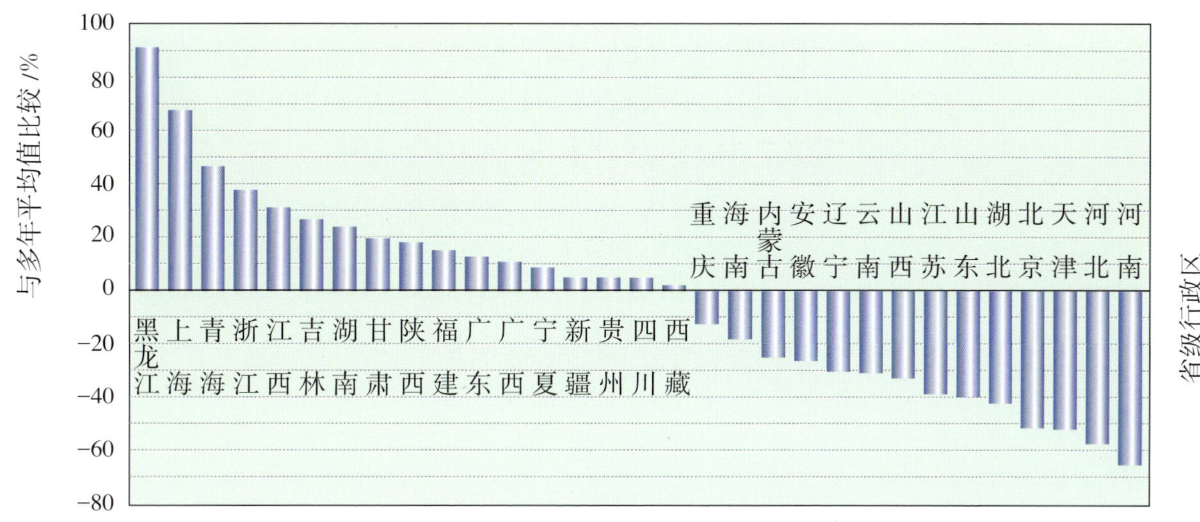

图 4　2019 年各省级行政区地表水资源量与多年平均值比较图

从国境外流入中国境内的水量 195.0 亿 m^3，从中国流出国境的水量 5521.8 亿 m^3，流入界河的水量 1660.1 亿 m^3。

全国入海水量 17535.9 亿 m^3，其中辽河区入海水量 104.4 亿 m^3，海河区 37.0 亿 m^3，黄河区 304.4 亿 m^3，淮河区 319.0 亿 m^3，长江区 9573.0 亿 m^3，东南诸河区 2307.6 亿 m^3，珠江区 4890.4 亿 m^3。与 2018 年相比，入海水量增加 1937.2 亿 m^3，除淮河区、海河区、黄河区入海水量分别减少 267.2 亿 m^3、34.8 亿 m^3、26.9 亿 m^3 外，其他水资源一级区均有不同程度的增加，其中长江区、东南诸河区入海水量分别增加 1223.0 亿 m^3 和 942.5 亿 m^3。

（三）地下水资源量

2019 年，全国地下水资源量（矿化度≤ 2g/L）8191.5 亿 m^3，比多年平均值偏多 1.6%。其中，平原区地下水资源量 1714.8 亿 m^3，山丘区地下水资源量 6779.6 亿 m^3，平原区与山丘区之间的重复计算量 302.9 亿 m^3。

全国平原浅层地下水总补给量 1782.6 亿 m^3。南方 4 区平原浅层地下水计算面积占全国平原区面积的 9%，地下水总补给量 303.1 亿 m^3；北方 6 区计算面积占 91%，地下水总补给量 1479.5 亿 m^3。其中，松花江区 380.9 亿 m^3，辽河区 136.1 亿 m^3，海河区 138.8 亿 m^3，黄河区 151.4 亿 m^3，淮河区 205.1 亿 m^3，西北诸河区 467.2 亿 m^3。

（四）水资源总量

2019 年，全国水资源总量 29041.0 亿 m^3，比多年平均值偏多 4.8%，比 2018 年增加 5.7%。其中，地表水资源量 27993.3 亿 m^3，地下水资源量 8191.5 亿 m^3，地下水与地表水资源不重复量为 1047.7 亿 m^3。全国水资源总量占降水总量 47.1%，平均单位面积产水量 30.7 万 m^3/km^2。2019 年各水资源一级区水资源总量见表 4，与多年平均值比较见图 5。2019 年各省级行政区水资源总量见表 5，与多年平均值比较见图 6。

表 4　2019 年各水资源一级区水资源量

水资源一级区	降水量 / mm	地表水资源量 / 亿 m^3	地下水资源量 / 亿 m^3	地下水与地表水资源不重复量 / 亿 m^3	水资源总量 / 亿 m^3
全　国	651.3	27993.3	8191.5	1047.7	29041.0
北方 6 区	346.0	4713.0	2563.7	897.8	5610.8
南方 4 区	1192.3	23280.3	5627.8	149.9	23430.2
松花江区	603.4	1935.1	628.4	288.1	2223.2
辽 河 区	557.9	305.7	195.1	101.9	407.6
海 河 区	449.2	104.5	190.4	117.0	221.4
黄 河 区	496.9	690.2	415.9	107.2	797.5
淮 河 区	610.0	328.1	274.8	179.0	507.2
长 江 区	1059.8	10427.6	2580.5	122.1	10549.7
其中：太湖流域	1261.8	204.2	44.1	21.6	225.8
东南诸河区	1844.9	2475.0	542.0	13.6	2488.5
珠 江 区	1627.5	5065.8	1198.4	14.2	5080.0
西南诸河区	1013.6	5312.0	1307.0	0.0	5312.0
西北诸河区	183.2	1349.4	859.2	104.7	1454.0

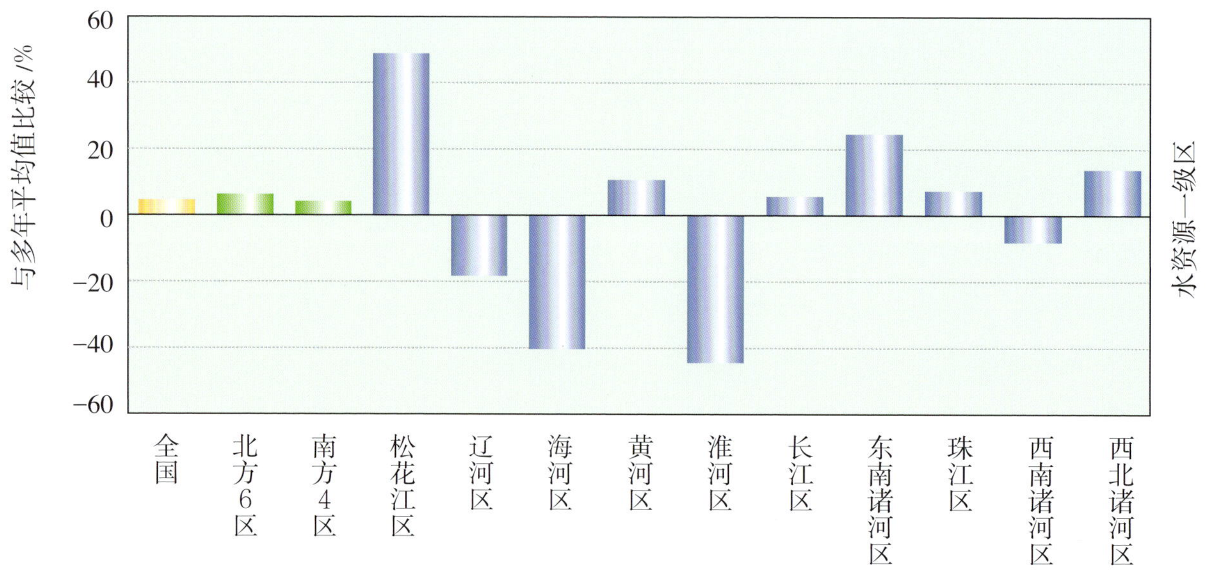

图 5　2019 年各水资源一级区水资源总量与多年平均值比较图

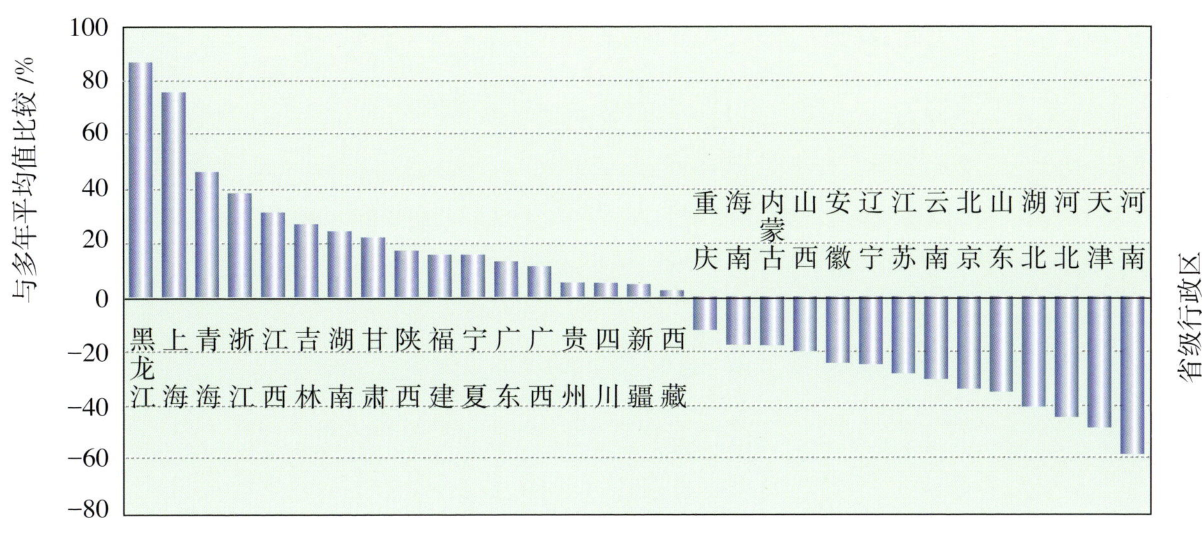

图 6　2019 年各省级行政区水资源总量与多年平均值比较图

1956—2019 年全国水资源总量变化过程见图 7。与多年平均值比较，全国各年代水资源总量变化不大，1990—1999 年偏多 3.9%，2000—2009 年偏少 3.9%，2010—2019 年偏多 2.7%。而南北方地区各年代水资源总量变化差异较大，南方 4 区 1990—1999 年偏多 4.8%，2000—2009 年偏少 3.2%，2010—2019 年偏多 2.5%；北方 6 区 1990—1999 年接近多年平均值，2000—2009 年偏少 6.9%，2010—2019 年偏多 3.8%。

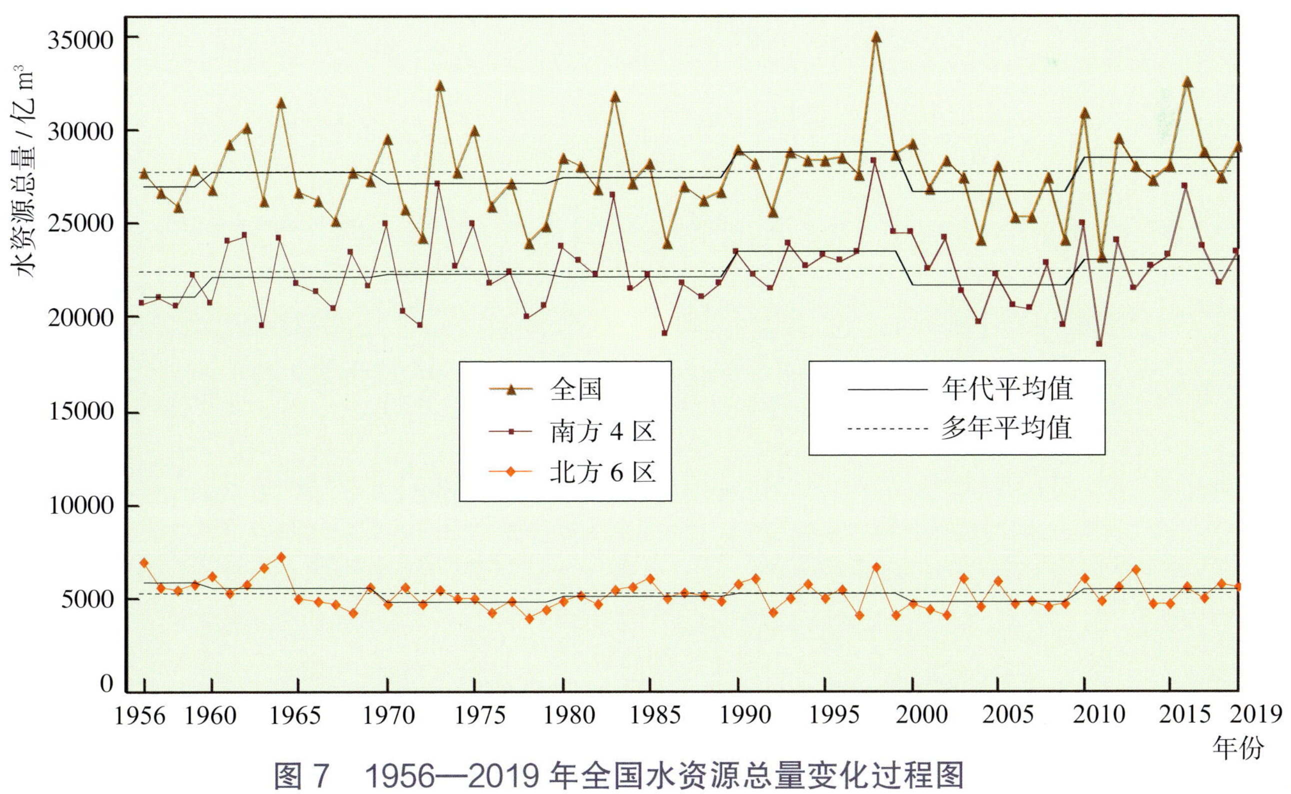

图 7　1956—2019 年全国水资源总量变化过程图

表 5　2019 年各省级行政区水资源量

省级行政区	降水量 / mm	地表水资源量 / 亿 m^3	地下水资源量 / 亿 m^3	地下水与地表水资源不重复量 / 亿 m^3	水资源总量 / 亿 m^3
全　国	651.3	27993.3	8191.5	1047.7	29041.0
北　京	506.0	8.6	24.7	16.0	24.6
天　津	436.2	5.1	4.2	3.0	8.1
河　北	442.7	51.4	97.8	62.1	113.5
山　西	458.1	58.5	82.5	38.8	97.3
内蒙古	279.5	305.8	233.8	142.1	447.9
辽　宁	687.2	211.5	106.8	44.5	256.0
吉　林	679.3	437.4	156.1	68.7	506.1
黑龙江	728.3	1305.7	413.6	205.8	1511.4
上　海	1389.2	40.9	10.4	7.4	48.3
江　苏	798.5	163.0	77.5	68.7	231.7
浙　江	1950.3	1303.0	253.7	18.5	1321.5
安　徽	935.8	482.1	144.8	57.8	539.9
福　建	1730.7	1362.5	339.0	1.4	1363.9
江　西	1710.0	2032.7	482.4	18.9	2051.6
山　东	558.9	119.7	128.4	75.5	195.2
河　南	529.1	105.8	119.1	62.8	168.6
湖　北	893.5	583.4	217.3	30.3	613.7
湖　南	1498.5	2091.2	472.3	7.1	2098.3
广　东	1993.6	2058.3	508.2	10.0	2068.2
广　西	1602.7	2103.8	445.0	1.3	2105.1
海　南	1594.4	249.3	73.0	3.0	252.3
重　庆	1106.8	498.1	98.5	0.0	498.1
四　川	953.2	2747.7	616.2	1.1	2748.9
贵　州	1246.1	1117.0	267.0	0.0	1117.0
云　南	1008.0	1533.8	554.6	0.0	1533.8
西　藏	596.3	4496.9	1037.0	0.0	4496.9
陕　西	759.4	469.7	139.4	25.6	495.3
甘　肃	362.1	312.2	148.7	13.7	325.9
青　海	374.0	898.2	412.7	21.1	919.3
宁　夏	345.7	10.3	18.4	2.2	12.6
新　疆	174.7	829.7	508.5	40.5	870.1

三、蓄水动态

（一）大中型水库蓄水动态

2019 年，根据全国 677 座大型水库和 3628 座中型水库的数据统计，水库年末蓄水总量为 4118.4 亿 m^3，比年初蓄水总量减少 91.7 亿 m^3。其中，大型水库年末蓄水量为 3698.6 亿 m^3，比年初减少 50.9 亿 m^3；中型水库年末蓄水量为 419.8 亿 m^3，比年初减少 40.8 亿 m^3。

从水资源分区看，松花江区、西北诸河区 2 个水资源一级区水库年末蓄水量分别增加 27.9 亿 m^3 和 1.1 亿 m^3；其他 8 个水资源一级区均有不同程度的减少，其中淮河区、黄河区、海河区分别减少 35.2 亿 m^3、20.3 亿 m^3 和 19.7 亿 m^3。2019 年各水资源一级区大中型水库年蓄水变量见图 8。

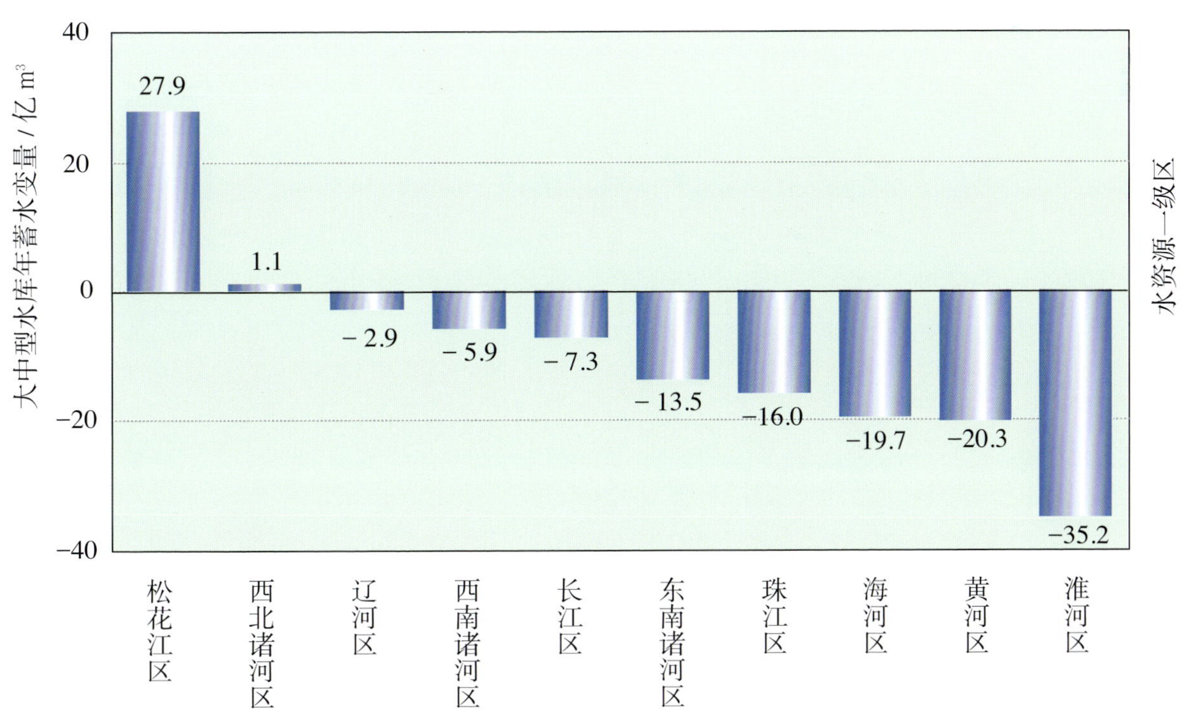

图 8　2019 年各水资源一级区大中型水库年蓄水变量图

从行政分区看，湖北、广东、吉林等9个省（自治区）的水库蓄水量增加，共增加蓄水量104.9亿m^3；安徽、湖南、河南等21个省（自治区、直辖市）的水库蓄水量减少，共减少蓄水量196.6亿m^3。2019年各省级行政区大中型水库年蓄水变量见图9。

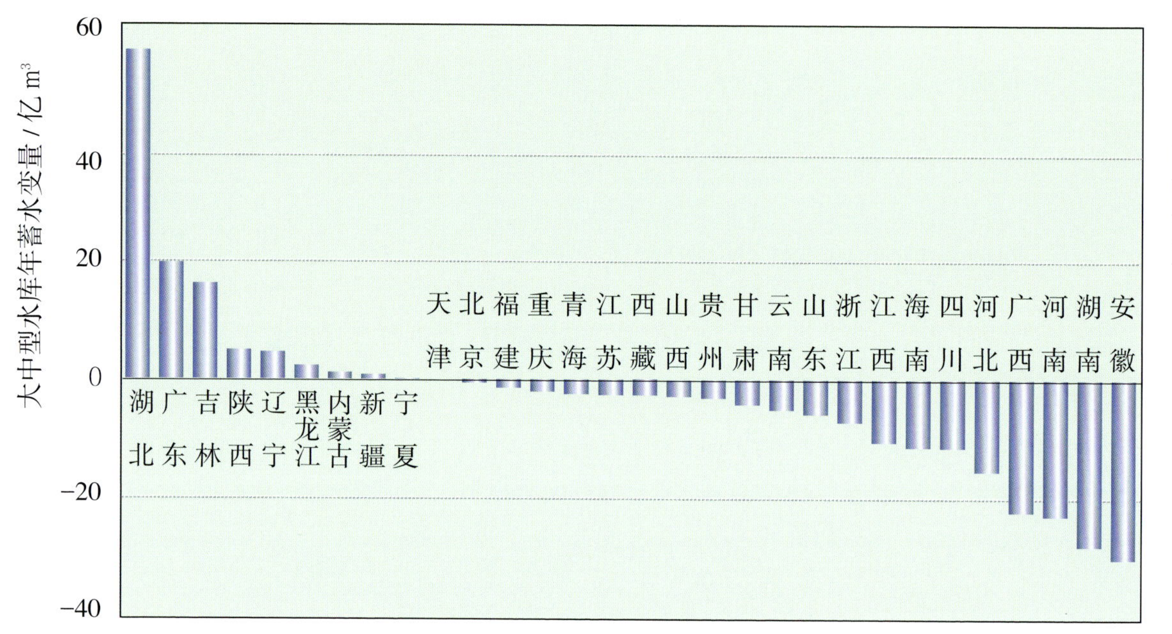

图9　2019年各省级行政区大中型水库年蓄水变量图

（二）湖泊蓄水动态

2019年，根据有监测的76个湖泊的数据统计，湖泊年末蓄水总量1377.0亿m^3，比年初蓄水总量减少28.9亿m^3。其中，青海湖蓄水量增加17.0亿m^3；洪泽湖、南四湖分别减少16.1亿m^3、8.5亿m^3。2019年水面面积200km^2以上有监测湖泊的蓄水量见表6。

表 6　2019 年水面面积 200km² 以上有监测湖泊的蓄水量

湖　泊	省级行政区	蓄水量 / 亿 m³		
		年初	年末	蓄水变量
查干湖	吉林	8.2	6.1	－2.0
太　湖	江苏、浙江	54.9	47.7	－7.2
洪泽湖	江苏	30.0	13.8	－16.1
高邮湖	江苏	10.3	5.6	－4.7
骆马湖	江苏	7.8	5.4	－2.5
巢　湖	安徽	24.9	27.6	2.7
华阳河湖泊群	安徽	12.1	10.1	－2.0
鄱阳湖	江西	11.5	8.8	－2.8
南四湖上级湖	山东、江苏	11.0	5.4	－5.7
南四湖下级湖		7.5	4.7	－2.8
洪　湖	湖北	4.8	5.1	0.3
梁子湖	湖北	7.8	8.0	0.3
洞庭湖	湖南	6.8	6.3	－0.5
滇　池	云南	15.3	14.9	－0.4
洱　海	云南	27.5	27.0	－0.6
抚仙湖	云南	203.2	202.0	－1.2
青海湖（咸水湖）	青海	864.7	881.7	17.0

（三）地下水动态

根据 19 个省（自治区、直辖市）主要平原区的 2731 个地下水监测站分析，监测平原区面积约 71 万 km²。2019 年，松辽平原地下水平均埋深总体减少，黄淮海平原地下水平均埋深总体增加，山西及西北地区盆地和平原、江汉平原总体稳定。

松辽平原：2019 年末，地下水平均埋深 5.08m，大部分地区地下水埋深小于 8m。黑龙江松嫩平原西部和吉林平原区局部地区地下水埋深 12 ~ 20m，吉林平原区局部地区地下水埋深超过 20m。与 2018 年末相比，地下水埋深稳定区占 35%，地下水埋深增加区占 30%，地下水埋深减少区占 35%。

黄淮海平原：2019年末，地下水平均埋深8.12m。黄河以南平原区地下水埋深1～20m，黄河以北平原区总体自东向西埋深逐渐增加。河北唐山、保定、石家庄、邢台和邯郸地下水埋深12～50m，局部地区埋深超过50m；山东淄博及河南北部平原区地下水埋深12～30m。与2018年末相比，地下水埋深稳定区占39%，地下水埋深增加区占55%，地下水埋深减少区占6%。

山西及西北地区盆地和平原：2019年末，山西主要盆地地下水平均埋深14.53m；呼包平原地下水平均埋深11.48m，包头北部地下水埋深超过50m；关中平原地下水平均埋深28.18m，北部及中部部分地区超过50m；河西走廊平原地下水平均埋深18.37m，金昌、武威南部地区超过50m；银川平原地下水平均埋深2.29m，卫宁平原地下水平均埋深2.17m；湟水河谷平原地下水平均埋深6.78m，柴达木盆地监控区地下水平均埋深3.51m；新疆吐鲁番盆地地下水平均埋深25.51m。

江汉平原：2019年末，地下水平均埋深4.71m。与2018年末相比，地下水埋深稳定区占69%，地下水埋深增加区占30%，地下水埋深减少区占1%。

四、水资源开发利用

（一）供水量

2019年，全国供水总量6021.2亿m^3，占当年水资源总量的20.7%。其中，地表水源供水量4982.5亿m^3，占供水总量的82.8%；地下水源供水量934.2亿m^3，占供水总量的15.5%；其他水源供水量104.5亿m^3，占供水总量的1.7%。与2018年相比，供水总量增加5.7亿m^3，其中，地表水源供水量增加29.8亿m^3，地下水源供水量减少42.2亿m^3，其他水源供水量增加18.1亿m^3。

地表水源供水量中，蓄水工程供水量占31.2%，引水工程供水量占32.4%，提水工程供水量占30.7%，水资源一级区间调水量占5.7%。全国跨水资源一级区调水主要分布在黄河下游向其左、右两侧海河区和淮河区的调水，以及长江中下游向淮河区、黄河区和海河区的调水。2019年水资源一级区之间跨流域调水量见表7。

表7　2019年水资源一级区之间跨流域调水量　　单位：亿m^3

调出区	调入区						调出水量合计
	海河区	黄河区	淮河区	长江区	珠江区	西北诸河区	
海河区		0.12					0.12
黄河区	67.87		46.89			2.47	117.23
淮河区				7.45			7.45
长江区	42.65	0.35	108.91		0.48		152.39
东南诸河区				5.09			5.09
珠江区				0.27			0.27
西南诸河区				0.69	0.28		0.97
调入水量合计	110.52	0.47	155.80	13.50	0.76	2.47	283.52

地下水源供水量中，浅层地下水占 95.4%，深层承压水占 4.2%，微咸水占 0.4%。

其他水源供水量中，再生水、集雨工程利用量分别占 83.6%、9.2%。

2019 年各水资源一级区供水量见表 8，供水量组成见图 10。2019 年各省级行政区供水量见表 9，供水量组成见图 11。

（二）用水量

2019 年，全国用水总量 6021.2 亿 m^3。其中，生活用水 871.7 亿 m^3，占用水总量的 14.5%；工业用水 1217.6 亿 m^3（其中火核电直流冷却水 479.3 亿 m^3），占用水总量的 20.2%；农业用水 3682.3 亿 m^3，占用水总量的 61.2%；人工生态环境补水 249.6 亿 m^3，占用水总量的 4.1%。

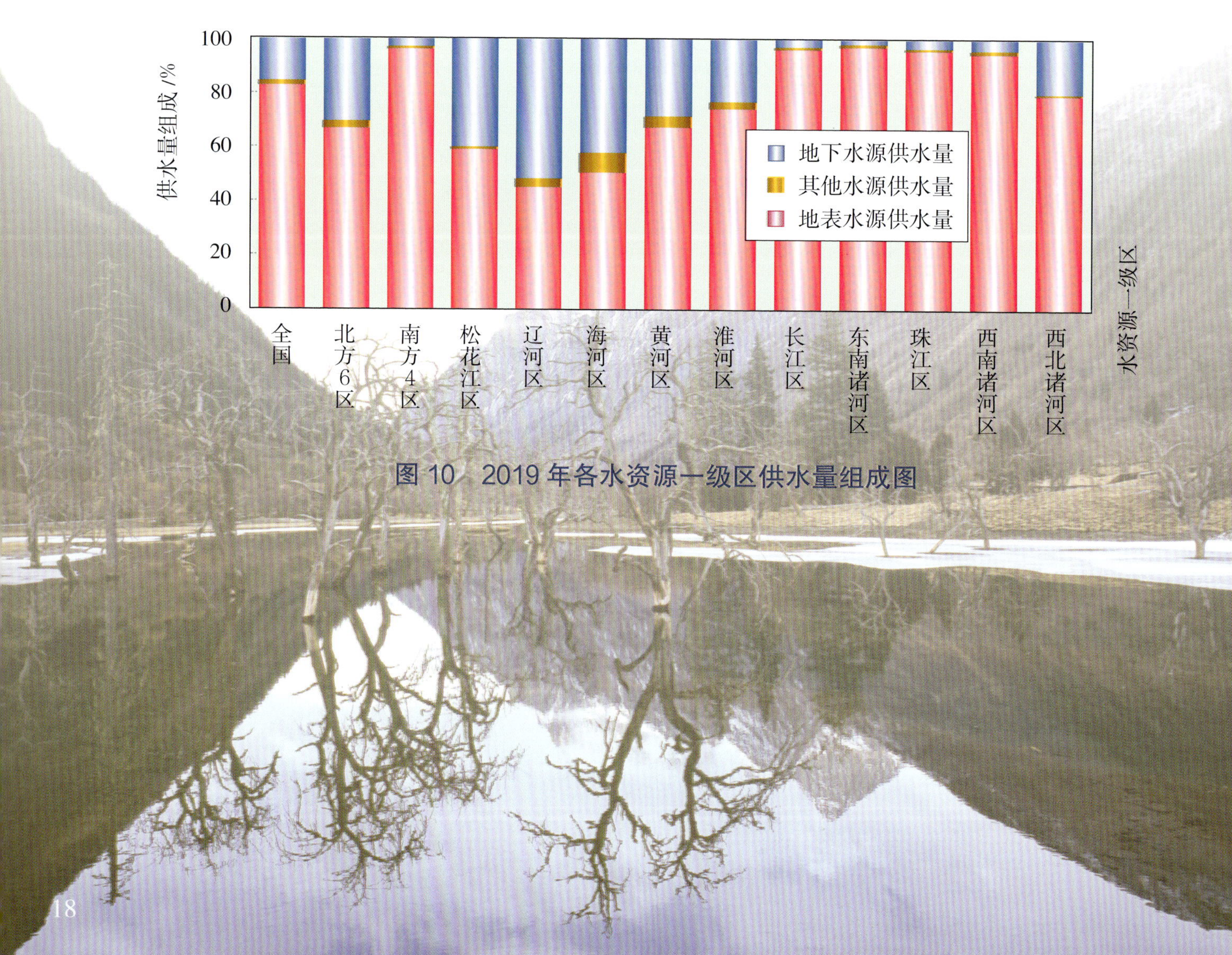

图 10 2019 年各水资源一级区供水量组成图

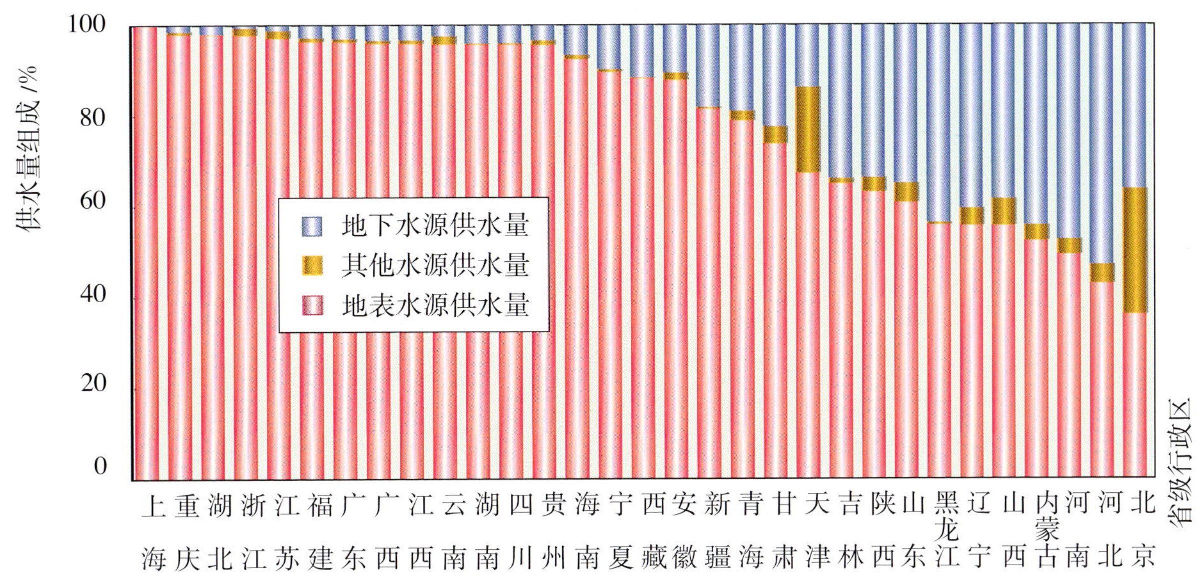

图 11　2019 年各省级行政区供水量组成图

与 2018 年相比，用水总量增加 5.7 亿 m^3，其中，工业用水减少 44.1 亿 m^3，农业用水减少 10.9 亿 m^3，生活用水及人工生态环境补水分别增加 11.9 亿 m^3 和 48.8 亿 m^3。

2019 年各水资源一级区用水量见表 8。2019 年各省级行政区用水量及用水量组成见表 9 和图 12。

1997 年以来全国用水总量总体呈缓慢上升趋势，2013 年后基本持平。其中生活用水呈持续增加态势；工业用水从总体增加转为逐渐趋稳，近年来略有下降；农业用水受气候和实际灌溉面积的影响上下波动。生活用水占用水总量的比例逐渐增加，农业用水和工业用水量占用水总量的比例则有所减少。1997—2019 年全国用水量变化见图 13。

按居民生活用水、生产用水、人工生态环境补水划分，2019 年全国城镇和农村居民生活用水占用水总量的 10.1%，生产用水占 85.8%，人工生态环境补水占 4.1%。在生产用水中，第一产业用水占用水总量的 61.2%，第二产业用水占 21.0%，第三产业用水占 3.6%。

表 8　2019 年各水资源一级区供水量和用水量　　单位：亿 m^3

水资源一级区	供水量				用水量					
	地表水	地下水	其他	供水总量	生活	工业	其中：直流火（核）电	农业	人工生态环境补水	用水总量
全　国	4982.5	934.2	104.5	6021.2	871.7	1217.6	479.3	3682.3	249.6	6021.2
北方 6 区	1832.5	838.5	75.5	2746.5	294.9	257.8	19.0	1993.6	200.2	2746.5
南方 4 区	3150.0	95.7	29.0	3274.7	576.8	959.8	460.3	1688.7	49.4	3274.7
松花江区	260.8	177.7	3.8	442.3	28.3	33.8	11.2	366.5	13.7	442.3
辽 河 区	85.8	98.7	6.0	190.6	31.1	21.9	0.3	129.7	7.9	190.6
海 河 区	192.2	160.8	27.6	380.6	68.0	45.4	0.4	212.4	54.8	380.6
黄 河 区	269.2	114.3	16.7	400.2	52.2	55.7	0.0	267.4	24.9	400.2
淮 河 区	476.6	148.1	16.9	641.5	95.8	83.6	6.9	426.8	35.4	641.5
长 江 区	1987.1	59.8	17.6	2064.5	332.1	704.0	397.7	999.5	29.0	2064.5
其中：太湖流域	330.4	0.2	8.1	338.7	57.7	205.4	167.8	73.0	2.6	338.7
东南诸河区	282.3	5.0	3.1	290.4	67.9	84.9	11.2	129.6	8.0	290.4
珠 江 区	780.9	26.7	6.9	814.4	165.2	162.5	51.4	475.9	10.9	814.4
西南诸河区	99.7	4.2	1.4	105.3	11.6	8.5		83.7	1.5	105.3
西北诸河区	548.0	138.9	4.5	691.4	19.6	17.3	0.1	590.8	63.6	691.4

注　人工生态环境补水包括：向京津冀地区 14 条河流、7 个湖泊累计实施生态补水 34.92 亿 m^3；新疆塔里木河向大西海子以下河道输送生态水、向塔里木河沿线胡杨林生态供水、阿勒泰地区向乌伦古湖及科克苏湿地补水 33.25 亿 m^3；内蒙古黑河生态补水 9.71 亿 m^3；黄河三角洲应急生态补水 4.48 亿 m^3。

表 9 2019 年各省级行政区供水量和用水量

单位：亿 m^3

省级行政区	供水量				用水量					
	地表水	地下水	其他	供水总量	生活	工业	其中：直流火（核）电	农业	人工生态环境补水	用水总量
全　国	4982.5	934.2	104.5	6021.2	871.7	1217.6	479.3	3682.3	249.6	6021.2
北　京	15.1	15.1	11.5	41.7	18.7	3.3		3.7	16.0	41.7
天　津	19.2	3.9	5.4	28.4	7.5	5.5		9.2	6.2	28.4
河　北	78.3	96.4	7.5	182.3	27.0	18.8	0.4	114.3	22.1	182.3
山　西	42.3	29.2	4.5	76.0	13.8	13.5		43.8	4.9	76.0
内蒙古	100.0	84.3	6.6	190.9	11.7	14.6	0.4	139.6	25.0	190.9
辽　宁	72.6	52.7	5.0	130.3	25.3	18.3	0.1	80.7	6.0	130.3
吉　林	75.0	39.0	1.4	115.4	13.4	14.1	4.1	81.5	6.5	115.4
黑龙江	173.5	135.4	1.5	310.4	15.6	19.5	7.1	274.2	1.2	310.4
上　海	100.9	0.0	0.0	100.9	24.2	58.9	49.7	16.9	0.9	100.9
江　苏	602.3	6.3	10.5	619.1	64.0	248.3	202.4	303.1	3.7	619.1
浙　江	162.4	0.7	2.7	165.8	47.2	40.8	0.7	72.4	5.4	165.8
安　徽	244.1	29.1	4.6	277.7	34.7	85.2	47.5	150.2	7.7	277.7
福　建	171.3	4.7	1.5	177.5	34.2	56.0	10.7	83.7	3.6	177.5
江　西	243.2	8.0	2.2	253.3	29.1	59.4	16.8	162.5	2.4	253.3
山　东	137.0	78.7	9.5	225.3	37.3	31.9		138.2	17.9	225.3
河　南	117.4	112.5	7.9	237.8	41.6	45.2	1.8	121.8	29.2	237.8
湖　北	297.3	5.6	0.3	303.2	54.6	91.3	43.6	155.6	1.7	303.2
湖　南	319.0	13.3	0.6	333.0	46.7	90.8	38.9	191.7	3.8	333.0
广　东	397.6	11.8	3.0	412.3	103.6	94.6	33.7	208.5	5.7	412.3
广　西	272.1	9.3	2.1	283.4	41.2	49.0	17.7	189.9	3.3	283.4
海　南	42.9	3.0	0.4	46.4	8.5	2.8		34.2	0.9	46.4
重　庆	75.1	1.0	0.4	76.5	21.9	28.1	3.7	25.2	1.3	76.5
四　川	241.8	9.8	0.8	252.4	54.1	37.9		154.5	5.9	252.4
贵　州	103.4	3.5	1.2	108.1	20.0	25.4		61.7	1.0	108.1
云　南	148.4	3.5	3.0	154.9	23.3	20.8	0.0	106.4	4.4	154.9
西　藏	28.2	3.7	0.1	32.0	3.0	1.5		27.2	0.3	32.0
陕　西	58.5	31.1	3.0	92.6	18.1	14.8		55.1	4.5	92.6
甘　肃	81.2	24.6	4.2	110.0	9.6	8.7		86.5	5.2	110.0
青　海	20.7	5.0	0.6	26.2	3.2	2.8		18.9	1.4	26.2
宁　夏	62.7	6.8	0.4	69.9	3.0	4.4		59.6	2.8	69.9
新　疆	479.1	106.4	2.2	587.7	15.7	11.5	0.0	511.4	49.0	587.7

注　人工生态环境补水包括：向京津冀地区 14 条河流、7 个湖泊累计实施生态补水 34.92 亿 m^3；新疆塔里木河向大西海子以下河道输送生态水、向塔里木河沿线胡杨林生态供水、阿勒泰地区向乌伦古湖及科克苏湿地补水 33.25 亿 m^3；内蒙古黑河生态补水 9.71 亿 m^3；黄河三角洲应急生态补水 4.48 亿 m^3。

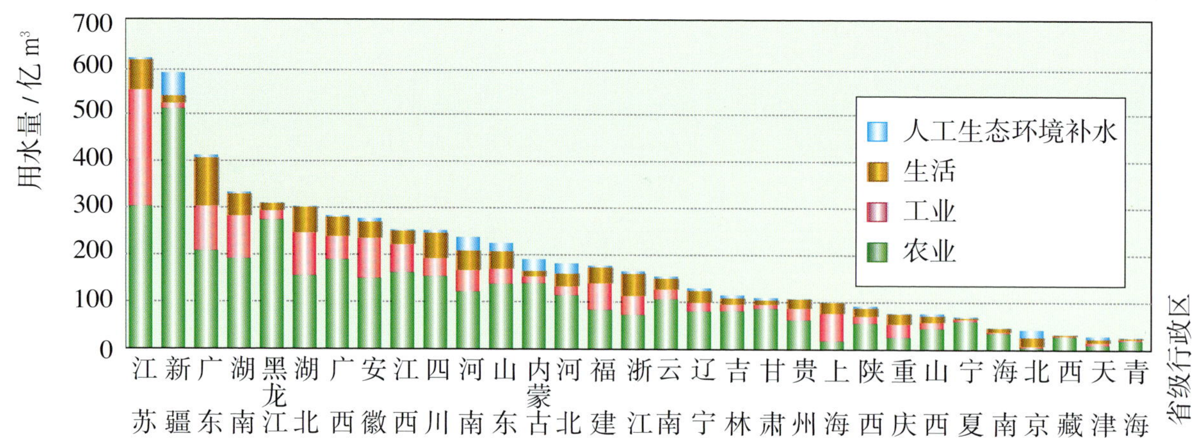

图 12 2019 年各省级行政区用水量组成图

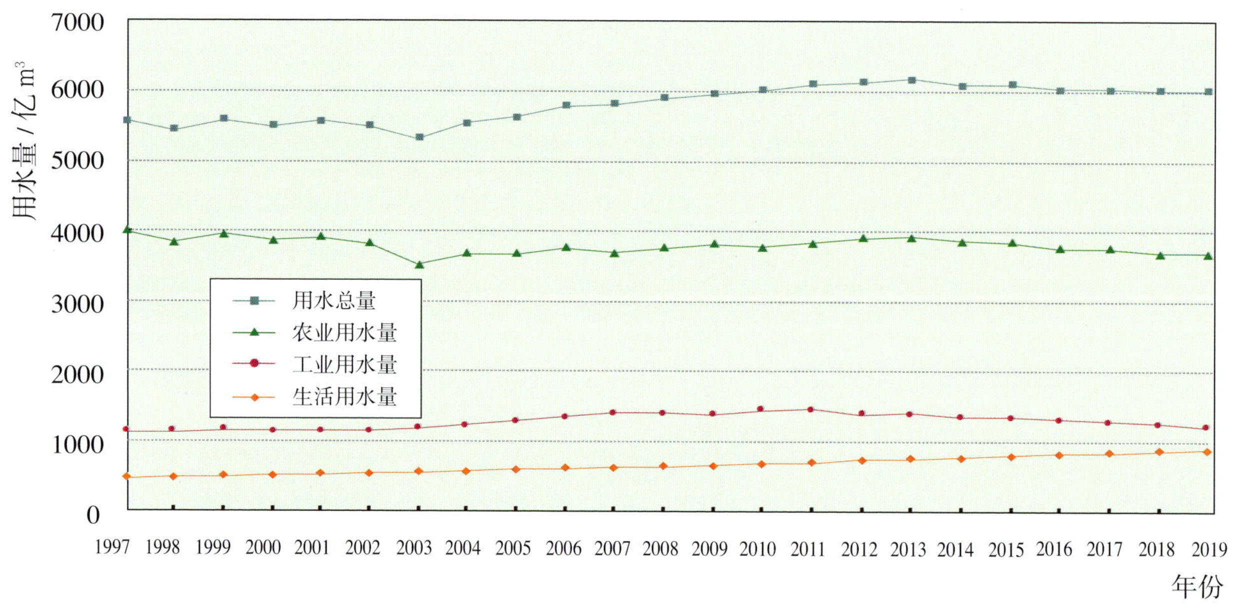

图 13 1997—2019 年全国用水量变化图

（三）耗水量

2019 年，全国耗水总量 3201.0 亿 m³，耗水率 53.2%。其中，农业耗水量 2387.6 亿 m³，占耗水总量的 74.6%，耗水率 64.8%；工业耗水量 285.2 亿 m³，占耗水总量的 8.9%，耗水率 23.4%；生活耗水量 349.6 亿 m³，占耗水总量的 10.9%，耗水率 40.1%；人工生态环境补水耗水量 178.6 亿 m³，占耗水总量的 5.6%，耗水率 71.5%。

（四）用水指标

2019 年，全国人均综合用水量 431m³，万元国内生产总值（当年价）用水量 60.8m³。耕地实际灌溉亩均用水量 368m³，农田灌溉水有效利用系数 0.559，万元工业增加值（当年价）用水量 38.4m³，城镇人均生活用水量（含公共用水）225L/d，农村居民人均生活用水量 89L/d。2019 年各水资源一级区、各省级行政区主要用水指标分别见表 10 和表 11。

根据《中国水资源公报》，1997 年以来用水效率明显提高，全国万元国内生产总值用水量和万元工业增加值用水量均呈显著下降趋势，耕地实际灌溉亩均用水量总体上呈缓慢下降趋势，人均综合用水量基本维持在 400 ~ 450m³。1997—2019 年全国主要用水指标变化见图 14。2019 年与 1997 年比较，耕地实际灌溉亩均用水量由 492m³ 下降到 368m³；万元国内生产总值用水量、万元工业增加值用水量 22 年间分别下降了 83%、85%（按可比价计算）。与 2015 年相比，万元国内生产总值用水量和万元工业增加值用水量分别下降 23.8% 和 27.5%（按可比价计算）。

表 10 2019 年各水资源一级区主要用水指标

水资源一级区	人均综合用水量 / m^3	万元国内生产总值用水量 / m^3	耕地实际灌溉亩均用水量 / m^3	人均生活用水量 / (L/d)			万元工业增加值用水量 / m^3
				城镇生活	城镇居民	农村居民	
全　国	431	60.8	368	225	139	89	38.4
松花江区	698	175.0	386	165	115	76	52.2
辽 河 区	337	64.2	263	194	122	94	23.6
海 河 区	247	36.3	187	146	96	77	17.0
黄 河 区	330	55.4	319	162	106	69	21.6
淮 河 区	313	47.2	234	163	113	79	18.5
长 江 区	446	57.7	416	264	155	96	61.7
其中：太湖流域	551	35.0	450	292	160	109	62.2
东南诸河区	349	33.7	418	275	153	118	26.0
珠 江 区	415	55.9	697	299	184	117	33.3
西南诸河区	469	114.9	438	229	138	81	55.2
西北诸河区	1990	376.5	528	209	146	98	31.2

注 1. 万元国内生产总值用水量和万元工业增加值用水量指标按当年价格计算。

2. 本表计算中所使用的人口数字为年平均人口数。

3. 本表中“人均生活用水量”中的“城镇生活”包括居民家庭生活用水和公共用水（含第三产业及建筑业等用水），“居民”仅包括居民家庭生活用水。

表 11　2019 年各省级行政区主要用水指标

省级行政区	人均综合用水量 / m³	万元国内生产总值用水量 / m³	耕地实际灌溉亩均用水量 / m³	农田灌溉水有效利用系数	人均生活用水量 / (L/d)			万元工业增加值用水量 / m³
					城镇生活	城镇居民	农村居民	
全　国	431	60.8	368	0.559	225	139	89	38.4
北　京	194	11.8	164	0.747	249	139	126	7.8
天　津	182	20.2	202	0.714	149	92	46	12.5
河　北	241	51.9	170	0.674	167	121	61	16.3
山　西	204	44.6	189	0.546	129	97	63	20.5
内蒙古	752	110.9	271	0.547	150	96	84	26.4
辽　宁	299	52.3	347	0.591	194	120	85	22.4
吉　林	428	98.4	344	0.594	177	119	79	42.0
黑龙江	825	228.0	402	0.610	142	105	70	59.2
上　海	416	26.4	489	0.738	298	161	86	60.9
江　苏	768	62.1	475	0.614	267	154	100	65.6
浙　江	286	26.6	325	0.600	270	144	118	17.9
安　徽	438	74.8	250	0.544	195	127	94	74.3
福　建	448	41.9	553	0.552	295	165	122	34.6
江　西	544	102.3	600	0.513	228	159	97	66.2
山　东	224	31.7	169	0.643	123	87	68	13.9
河　南	247	43.8	157	0.615	161	119	72	24.5
湖　北	512	66.1	343	0.522	356	162	93	56.7
湖　南	482	83.8	500	0.535	253	151	97	78.1
广　东	361	38.3	742	0.506	298	187	127	24.0
广　西	573	133.5	787	0.501	329	195	125	92.9
海　南	494	87.4	907	0.569	339	200	119	47.7
重　庆	246	32.4	325	0.499	245	166	90	42.3
四　川	302	54.2	365	0.477	239	163	107	28.4
贵　州	299	64.4	386	0.479	246	130	63	55.8
云　南	320	66.7	382	0.485	183	126	84	39.2
西　藏	920	188.3	544	0.446	646	242	53	113.9
陕　西	239	35.9	287	0.577	159	113	85	15.4
甘　肃	416	126.1	446	0.565	158	80	45	37.5
青　海	432	88.3	478	0.500	203	108	69	33.7
宁　夏	1011	186.5	706	0.543	182	112	30	34.9
新　疆	2346	432.2	553	0.561	228	165	112	29.9

注　1. 万元国内生产总值用水量和万元工业增加值用水量指标按当年价格计算。

2. 本表计算中所使用的人口数字为年平均人口数。

3. 本表中“人均生活用水量”中的“城镇生活”包括居民家庭生活用水和公共用水（含第三产业及建筑业等用水），“居民”仅包括居民家庭生活用水。

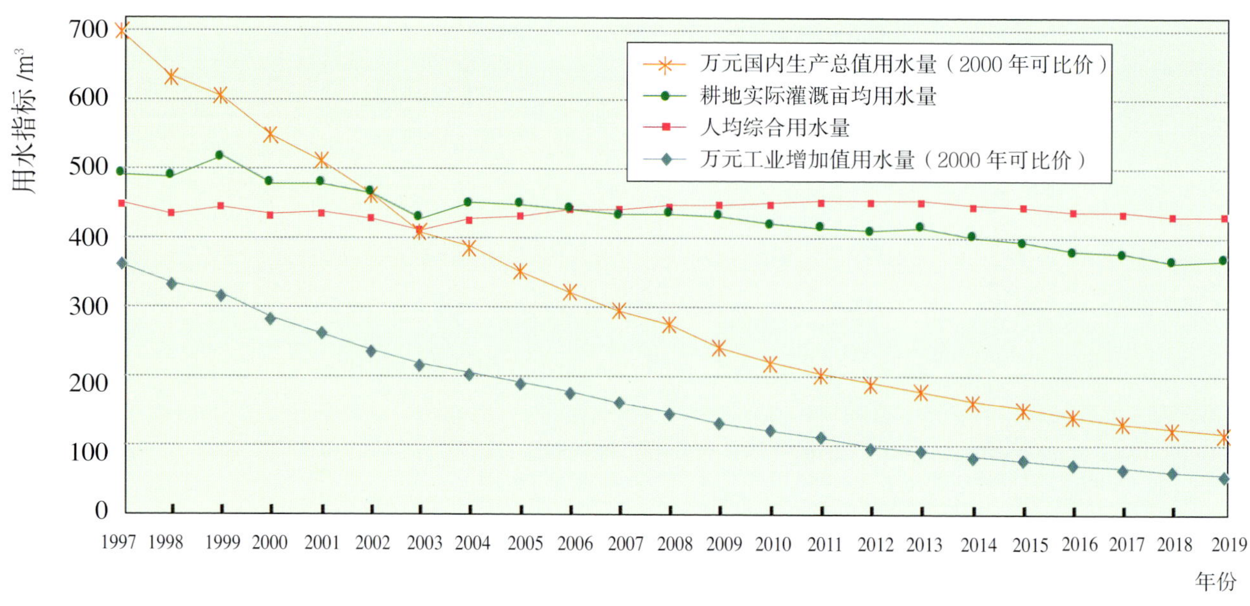

图14　1997—2019年全国主要用水指标变化图

全国水资源一级区示意图